Mayk Lange

Schäden und deren Sanierungskosten an Wärmedämm-verbundsystemen

GRIN Verlag

Bibliografische Information der Deutschen Nationalbibliothek:

Die Deutsche Bibliothek verzeichnet diese Publikation in der Deutschen National-
bibliografie; detaillierte bibliografische Daten sind im Internet über http://dnb.d-
nb.de/ abrufbar.

Impressum:

Copyright © 2011 GRIN Verlag GmbH
Druck und Bindung: Books on Demand GmbH, Norderstedt Germany
ISBN: 978-3-640-99664-3

Dieses Buch bei GRIN:

http://www.grin.com/de/e-book/177781/schaeden-und-deren-sanierungskosten-an-
waermedaemmverbundsystemen

Schäden und deren Sanierungskosten an Wärmedämmverbundsystemen

Hausarbeit im Modul

„Immobilienmanagement II: Bautechnische Grundlagen und Architektur (BR 13)"

an der

EBZ Business School,
University of Applied Sciences, Bochum

Eingereicht von:

Mayk Lange

Hanshagen, 20. Januar 2011

Inhaltsverzeichnis

Abkürzungsverzeichnis

ATV	Allgemeine Technische Vertragsbedingungen
bzw.	Beziehungsweise
DIN	Deutsches Institut für Normung
EN	Europäische Norm
EnEV	Energieeinsparverordnung
EOTA	European Technical Approval Guideline
Etag 004	Leitlinie für Europäische Technische Zulassungen für Außenseitige Wärmedämm-Verbundsysteme mit Putzschicht
ggf.	Gegebenenfalls
o. g.	oben genanten
usw.	und so weiter
u. a.	unter anderem
z. B.	zum Beispiel

Abbildungsverzeichnis

Tabellenverzeichnis

1. Einleitung

Die Fassade ist die äußere Schutzhülle eines Gebäudes und gehört zu den am meisten beanspruchten Bauteilen. Die Konstruktion der Fassade muss so beschaffen sein, dass sie den unterschiedlichen bauphysikalischen Anforderungen gerecht wird. Es muss ein ausreichender Wärme- und Sonnenschutz vorhanden sein. Das Gebäude muss gegen Regen- und Windschäden geschützt werden. Außerdem muss die Fassade einen ausreichenden Schallschutz von außen nach innen und umgekehrt gewährleisten und sie muss im Brandfall ausreichend Schutz bieten und auch von dauerhafte Festigkeit und Standsicherheit sein.

Neben den bauphysikalischen Anforderungen muss die Fassade auch den Anforderungen hinsichtlich des äußeren Erscheinungsbildes gerecht werden.

Es gibt eine Vielzahl verschiedener Konstruktionsmöglichkeiten, um eine Fassade bautechnisch und optisch zu gestalten. Die verschiedenen Möglichkeiten unterteilen sich z. B. in:

- Wärmedämmverbundsysteme, vorgehängte hinterlüftete Fassaden, zweischalige Fassadenkonstruktionen mit Kerndämmung, Wärmedämmputzsysteme, transparente Wärmedämmungen sowie Glas- und Industriefassaden -

Für welche Fassadengestaltung man sich entscheidet, hängt u. a. von der finanziellen Situation der Bauherren ab (eine vorgehängte Fassade ist meist teurer als ein Wärmedämmverbundsystem). Die Entscheidung richtet sich aber auch nach der Bauart des Gebäudes (z. B. ob ein altes denkmalgeschütztes Haus gedämmt werden soll) oder nach den optischen Anforderungen des Architekten.

Diese Arbeit beschränkt sich ausschließlich auf Wärmedämmverbundsysteme. Ziel ist es, dem Leser einen Überblick zu geben was Wärmedämmverbundsysteme sind, welche Materialien eingesetzt werden und welche Schäden am häufigsten auftreten.

Der Leser soll einen Überblick erhalten, welche Sanierungskosten für einen möglichen Schaden anfallen. Hierbei ist aber immer zu beachten, dass die verwendeten Zahlen nur einen Orientierungswert darstellen. Der genaue Preis solcher Sanierungsmaßnahmen lässt sich nur am konkreten Schadensfall bestimmen. Durch die individuellen Faktoren der jeweiligen Objekte kann die Höhe der Kosten sehr unterschiedlich sein. Zu diesen Faktoren zählen u. a. der Bautyp und die Bauform des Gebäudes, regionale Kostenunterschiede und auch konjunkturelle Schwankungen.

Abschließend werden noch Möglichkeiten zur Schadensvermeidung aufgezeigt und es wird dargestellt, wie wichtig die vorbeugende Wartung und Inspektion von Wärmedämmverbundsystemen ist.

2. Wärmedämmverbundsysteme

Seit über 50 Jahren werden in Deutschland Wärmedämmverbundsysteme an Wohngebäude angebracht. Wärmedämmverbundsysteme bestehen aus mehreren Komponenten, die fest miteinander verbunden werden und bauphysikalisch aufeinander abgestimmt sind.[1]

Einen großen Schub hatte der Markt für Wärmedämmverbundsysteme in den Jahren nach der Wiedervereinigung Deutschlands bekommen. Die Instandsetzung der Plattenbauten sorgte dafür, dass der Absatz sich in den folgenden Jahren gegenüber 1990 verdreifachte.[2]

In der heutigen Zeit sind qualitativ hochwertige Wärmedämmverbundsysteme, insbesondere durch das Energieeinspargesetz und die Energieeinsparverodnung, unverzichtbar geworden. Der Dämmstoff ist der wichtigste Teil in einem Wärmedämmverbundsystem. Um die Dämmeigenschaften, den Brandschutz oder die Lebensdauer zu erhöhen, wird an immer besseren Dämmmaterialien geforscht.[3]

Neben der Dämmung wird ein Wärmedämmverbundsystem auch eingesetzt, um die Fassade optisch zu gestalten. Wärmedämmverbundsysteme sind sowohl für den Neubau als auch für die nachträgliche Wärmedämmung an Gebäuden geeignet. Im Vergleich zu anderen Außenwanddämmungen, insbesondere gegenüber der vorgehängten hinterlüfteten Fassade, stellt das Wärmedämmverbundsystem eine preisgünstige Alternative dar.

Wärmedämmverbundsysteme sind in Deutschland zulassungspflichtig und dürfen nur verwendet werden, wenn sie eine bauaufsichtliche Zulassung besitzen. Regeln für Wärmedämmverbundsysteme finden sich u. a. in der DIN EN 13499 (Polystyrol-Hartschaum-Systeme), in der DIN EN 13500 (Mineralwoll-Systeme), der DIN 55699 und der EOTA-Leitlinie ETGA Nr. 004 (außenseitige Wärmedämm-Verbundsysteme mit Putzschichten)[4]

2.1 Aufbau von Wärmedämmverbundsysteme

Wärmedämmverbundsysteme werden in den verschiedensten Systemvarianten von unterschiedlichen Herstellern angeboten. Diese Systeme funktionieren grundsätzlich alle gleich. Sie unterscheiden sich aber vor allem hinsichtlich der Befestigungssysteme (z. B. Klebesysteme, Klebesysteme mit Verdübelung oder Schienensystem), der verarbeiteten Dämmstoffe und der Oberflächenbeschichtung.[5]

Je nach dem welche Anforderungen an die Konstruktion gestellt werden, können die unterschiedlichen Systeme zum Einsatz kommen. Um zu entscheiden, welches System den Anforderungen am besten gerecht wird, werden im Folgenden die einzelnen Systemkomponenten näher erläutert.

---

[1] Vgl. Riedel, W. (2010): Wärmedämm-Verbundsysteme. Von der Thermohaut bis zur transparenten Wärmedämmung. 2. überarb. Auflage, Waldshut-Tiengen, S. 37 ff

[2] Vgl. Riedel, W. (2010): Wärmedämm-Verbundsysteme, a.a.O. S.17

[3] Vgl. http://www.sto.de/105736_DE-Produkte-StoTherm_Classic_S1.htm, Zugriffsdatum: 03.01.11

[4] Vgl. Riedel, W. (2010): Wärmedämm-Verbundsysteme, a.a.O., S. 74

[5] Vgl Knöll, K. (2003): Baukonstruktionslehre. 32., überarb. und aktualisierte Aufl. Stuttgart: Teubner, S. 703

Bei einem Wärmedämmverbundsystem wird der Dämmstoff (meist in Plattenform) an der Außenwand befestigt. Neben Schienensystemen werden die meisten Systeme, auf Grund der geringeren Kosten, geklebt. Um Ablösungen zu verhindern muss der **Kleber** mit dem Untergrund und dem **Dämmstoff** eine dauerhafte Verbindung eingehen und auch dauerhaft chemisch verträglich sein. Weiterhin gibt es für Kleber bestimmte Mindestanforderungen hinsichtlich der Haftzugfestigkeit. Diese sind geregelt in der Leitlinie ETAG 004.[6]

Bei unzureichender Tragfähigkeit oder bei zu geringer Querzugfestigkeit des Dämmstoffes müssen die Dämmplatten zusätzlich mit Dübeln versehen werden bzw. mit Halteschienen oder Sockelleisten (als unteren Systemabschluss) befestigt werden. Die Anzahl der **Dübel** richtet sich nach dem Eigengewicht des jeweiligen Systems, nach der Höhe des Gebäudes und den jeweiligen Windsoglasten die auf die Fassadenfläche wirken.

Es gibt verschiedene Dübelarten. Grundsätzlich bestehen sie aus einer Dübelhülse mit Dübelteller und einem Spreizelement zur dauerhaften Verankerung in der Außenwand. Die Art der Dübel, das Dübelmuster und die jeweilige Anzahl von Dübeln pro m² richtet sich z. B. nach der Beschaffenheit des Untergrundes (Leichtbeton, Holz oder Beton) , nach Art der Montage (Schlag-, Schraub- oder Setzdübel), nach der Lage des Dübeltellers nach der Montage (vertieft oder oberflächenbündig), nach der Verankerungstiefe, nach den Anforderungen an die Standsicherheit (bauaufsichtlich zugelassen oder nicht) oder nach dem Wärmebrückeneinfluss auf den Wärmeschutz (Wärmeverlustkoeffizient).[7]

Als nächste Systemkomponente wird der **Unterputz** (Armierungsschicht) aufgetragen. Die Armierungsschicht besteht aus mehreren Lagen. Erst wird die Armierungsmasse, welche üblicherweise aus schwindarmen Mörtel besteht, direkt auf das Dämmmaterial aufgetragen. In diese Schicht wird dann die **Bewehrung** (meist Glasfasergewebe) aufgetragen und in das Material mit einer zusätzlichen dünnen Mörtelschicht eingearbeitet. Die Bewehrung soll Spannungen aufnehmen und so Risse vermeiden. Besonders wichtig ist die fachgerechte Verarbeitung im Bereich von Fassadenöffnungen, an Innenlaibungen, an Außenecken und Kanten. In diesen Bereichen muss die Bewehrung verstärkt werden und es ist erforderlich, einen besonderen Gewebeschutz (z. B. Diagonalbewehrung) oder spezielle Eckschutzschienen einzuarbeiten.[8]

Als letzter Bestandteil eines Wärmedämmverbundsystems wird der **Oberputz** als Schlussbeschichtung (evtl. mit Anstrich) aufgetragen. Neben Natursteinplatten, keramischen Belägen und Fliesen ist die Putzbeschichtung das am häufigsten verwendete Material.

Für die Auswahl des jeweiligen Putzes gibt es verschiedene Kriterien. So entscheidet z. B. die Wasserabweisung, die Elastizität (um Risse zu überbrücken), die Resistenz gegenüber mikrobiellem Befall, der Hellbezugswert oder der Brandschutz darüber, welcher Putz zum Einsatz kommt. Oberputze können unter verschiedene Gesichtspunkte eingeteilt werden. Zum einen können sie nach dem verarbeiteten Bindemittel oder nach der Oberflächenstruktur klassifiziert werden. Bei der Klassifizierung nach dem Bindemittel unterscheidet

---

[6] Vgl. Riedel, W. (2010): Wärmedämm-Verbundsysteme, a.a.O., S 76 f

[7] Vgl. Riedel, W. (2010): Wärmedämm-Verbundsysteme, a.a.O., S. 106 ff

[8] Vgl. Riedel, W. (2010): Wärmedämm-Verbundsysteme, a.a.O., S. 130 f

man Mineralputze, Kunstharzputze, Siliconharzputze und Silikatputze. Das Bindemittel bestimmt auch die Eigenschaften wie Härte, Festigkeit, Diffusionsfähigkeit, Elastizität oder die Farbtonstabilität des Putzes. Bei der Klassifizierung nach der Oberflächenstruktur unterscheidet man z. B. nach Reibe- oder Kratzputz, Rillenputz (auch Münchner Rauhputz), Tirolerputz oder Altdeutscher Putz. Im Bereich der Sockeldämmung wird häufig Natursteinputz oder Buntsteinputz verarbeitet. Zusätzlich gibt es noch unterschiedliche Begrifflichkeiten, um die verschiedenen Putze zu unterteilen. Danach werden mineralische Putze als anorganisch gebundene Putze und Kunstharzputze als organisch gebundene Putze bezeichnet.[9]

Meist werden Putze als Fertigprodukte angeliefert und verarbeitet. Damit entfällt das Anmischen mit Wasser und das Einfärben vor Ort. Das Einfärben der Putze im gewünschten Farbton erfolgt meist schon werkseitig, um eine gleichmäßige Farbgestaltung zu erreichen.

Bei mineralischen Putzen muss die Oberfläche oft noch übergestrichen werden, um den gewünschte Farbton zu erhalten. Dies resultiert daher, dass Kalk und Zement unterschiedliche Trocknungszeiten haben und somit Farbunterschiede auf der Oberfläche sichtbar werden. Bei organischen Putzen ist in der Regel kein Anstrich mehr notwendig..[10]

Nachfolgend wird der grundsätzliche Aufbau eines Wärmedämmverbundsystems, mit den am häufigsten verbauten Dämmstoffen, dargestellt.

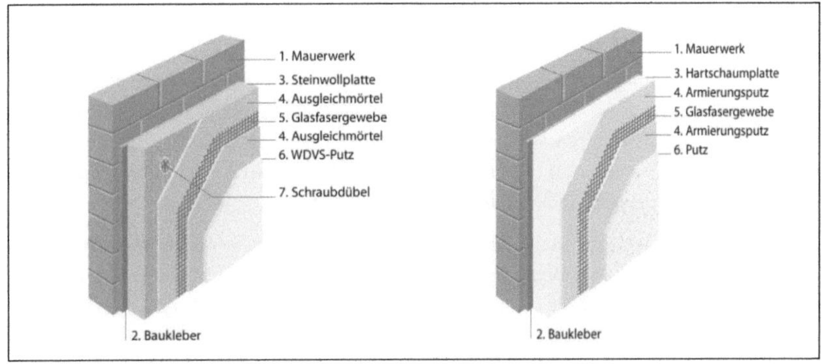

Abbildung 1: Beispielhafter Aufbau eines Wärmedämmverbundsystems, einmal mit Steinwolle und einmal mit Hartschaumplatte, Quelle: http://www.heizkosten-einsparen.de

2.2 Dämmstoffe

Das wichtigste Unterscheidungskriterium bei den Wärmedämmverbundsystemen ist die Dämmplatte. Als Dämmplatte kommen die unterschiedlichsten Materialien zum Einsatz. Welche davon verarbeitet wird, hängt wiederum davon ab, welche speziellen Kriterien das Wärmedämmverbundsystem erfüllen muss. So unterscheiden sich Dämmplatten in der

---

[9] Vgl. Riedel, W. (2010): Wärmedämm-Verbundsysteme, a.a.O., S. 132

[10] Vgl. Kussauer, R., (2007): Die häufigsten Mängel bei Beschichtungen und Wärmedämm-Verbundsystemen. Erkennen, vermeiden, beheben; mit 69 Tabellen. Köln: R. Müller, S. 100

Biegefestigkeit, der Wasserdampfdurchlässigkeit, dem Brandverhalten, der Zugfestigkeit und als wichtigstes Unterscheidungskriterium der Wärmeleitfähigkeit.

Die für ein Wärmedämmverbundsystem geeigneten Dämmstoffe werden in drei Untergruppen unterteilt. Einen Überblick über mögliche Dämmstoffe soll nachfolgende Abbildung geben.

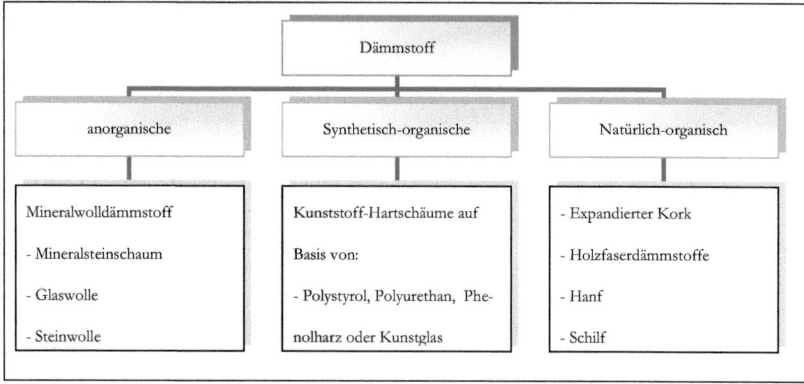

Abbildung 2: Unterteilung der Dämmstoffe, Quelle: eigene Darstellung

Mineralwolldämmplatten als anorganischer Dämmstoff und Polystyrol-Hartschaumplatten als organischer Dämmstoff werden im überwiegenden Maße verbaut. Die nachwachsenden Rohstoffe wie Kork, Holz, Hanf oder Schilf spielen eher eine untergeordnete Rolle, erlangen aber als Ausgangspunkt für Dämmplatten wieder zunehmend an Bedeutung. Besonders in Hinblick auf das ökologische Bauen.

Anorganische Dämmstoffe unterscheiden sich besonders von den anderen beiden hinsichtlich ihrer Brennbarkeit. Sie sind nicht brennbar und außerdem noch resistent gegenüber biologischer Fäule. Ein weiterer Vorteil von Mineralwolldämmstoffen ist die Biegsamkeit. So unterscheidet man Mineralwolledämmplatten und Mineralwollelamellenplatten. Bei Mineralwolledämmplatten verlaufen die Fasern parallel zur Wandfläche und bei Mineralwollelammelenplatten verlaufen die Fasern rechtwinklig zur Wandfläche. Dadurch können Lammellendämmplatten besonders gut an runden Gebäudeformen verarbeitet werden.

Für die Verarbeitung von Wärmedämmverbundsystemen sind eine Vielzahl von Normen und technische Verfahrensvorschriften von Fachverbänden und der Industrie herausgegeben worden. Bei Beachtung dieser Normen und bei der Ausführung nach den „Allgemein anerkannten Regeln der Technik" sind Schäden an Wärmedämmverbundsysteme weitestgehend vermeidbar.

Dennoch treten durch die hohe Anzahl unterschiedlicher Dämmsysteme, den verschiedenen einzelnen Komponenten, den unterschiedlichen Verarbeitungsanforderungen und der Beanspruchung der Fassade durch äußere Einflüsse immer wieder Schädigungen auf.

Durch solche Schäden kann der Energieverbrauch erheblich steigen und aus Anfangs kleineren Schäden entsteht ein großer Sanierungsaufwand. Dieser hätte aber vielleicht mit einer kleineren Sanierungsmaßnahme verhindert werden können.

In den weiteren Ausführungen werden die häufigsten Schäden von Wärmedämmverbundsystemen, deren Ursachen und die möglichen Sanierungskosten dargestellt.

3. Schäden und Sanierungskosten von Wärmedämmverbundsystemen

3.1 Häufige Schäden an Wärmedämmverbundsystemen

Viele Schäden an Wärmedämmverbundsysteme könnten durch eine genauere Planung (z. B. durch Beachtung der gegebenen Besonderheiten am Bauobjekt) oder einer besseren Verarbeitung (Beachtung der Herstellerangaben und der anerkannten Regeln der Technik) vermieden werden. Die Schadensursachen und auch die Schadensbilder sind sehr vielseitig. Oft ist es auch nicht eindeutig feststellbar, welche Ursache für einen Schaden verantwortlich ist, da zu viele Faktoren zusammenspielen.

Eine Unterteilung der Schadensursachen und eine Auswahl der häufigsten Schadensbilder soll folgende Darstellung verdeutlichen.

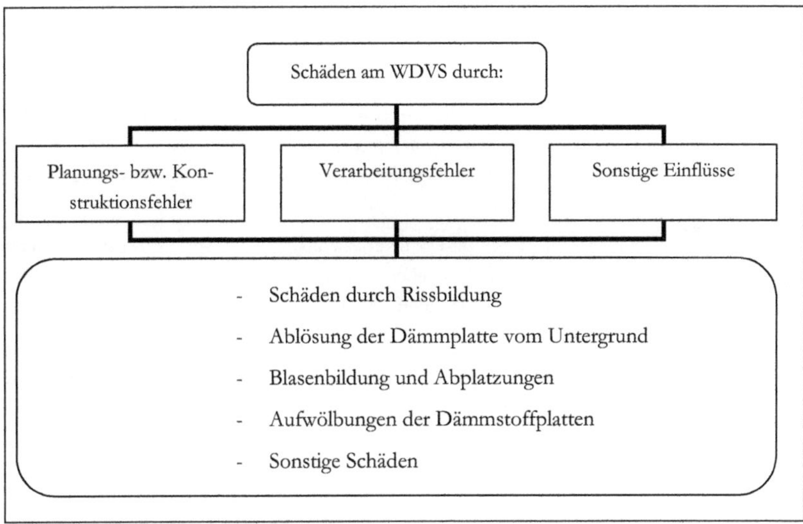

Abbildung 3: Schadensursachen und häufige Schadensbilder, Quelle: Eigene Darstellung

3.1.1 Schäden durch Rissbildung

Dieses Schadensbild ist sehr häufig zu beobachten und die Zuordnung von Rissen und deren Ursachen ist nicht immer eindeutig. Risse in Putzen oder in Wärmedämmverbundsystemen entstehen immer dann, wenn Spannungen nicht mehr ausgeglichen werden können. Diese Spannungen werden u. a. durch Schwindvorgänge hervorgerufen, sie entstehen durch das Aufquellen und die Bewegung von unterschiedlichen Materialien oder sie werden durch Temperaturschwankungen hervorgerufen. Sie können nach unterschiedlichen Kriterien gegliedert werden. Gebräuchlich ist die Gliederung nach ihrer Tiefe und nach den jeweiligen Bauteilen wo sie auftreten.

Wenn wir die Tiefe der Risse betrachten, unterscheiden wir drei Rissarten:

- Risse im Oberputz

- Risse bis in die Gewebeeinlagen und

- Risse bis auf die Dämmplatte

Wenn wir Risse nach den Bauteilen bzw. Baustoffen gliedern, wo sie auftreten, dann ergibt sich folgende Unterteilung:

- Baugrundbedingte Risse

- Bauwerkbedingte Risse

- Putzgrundbedingte Risse

- Putzbedingte Risse

Die baugrundbedingten Risse entstehen durch Setzung des Gebäudes oder durch Absacken des Gebäudes auf Grund mangelnder Baugrundbefestigung. Diese Risse sind besonders gravierend, da sie einen sehr hohen Instandsetzungsaufwand nach sich ziehen oder sogar den Abriss des Gebäudes zur Folge haben.

Bauwerkbedingte Risse entstehen durch die Bewegung einzelner Bauteile des Gebäudes (z. B. durchbiegen der Deckenplatten) oder durch die Bewegung des ganzen Gebäudes (z. B. verkehrsbedingte Erschütterungen). Sie können horizontal oder vertikal verlaufen und in seltenen Fällen treten diese Risse immer wieder auf, da die Bewegung der Bauteile nie aufhört.[11]

Baugrundbedingte und bauwerksbedingte Risse spielen im Zusammenhang mit Wärmedämmverbundsystemen eher eine untergeordnete Rolle. Die am häufigsten auftretenden Risse sind putzgrundbedingt oder putzbedingt.

Putzgrundbedingte Risse haben ihre Ursache in der Verformung des Untergrundes, in unzureichenden Trocknungsbedingungen, in Mischmauerwerk oder unzureichender Fugenbildung. Sie entstehen auch durch Schwind- und temperaturbedingter Verformung, Versatz in der Dämmstoffoberfläche, fehlende Verklebung oder unzureichender Putzbewehrung in Fensterlaibungen.

Putzbedingte Risse haben ihre Ursache in der Verarbeitung oder in der Eigenschaft des Putzsystems. Zu den putzbedingten Rissen zählen Sackrisse, Schwindrisse und Fettrisse. Der Ursprung liegt meist in der Zusammensetzung des verarbeiteten Materials, im Mischverhältnis, in der Schichtdicke, der Oberflächenbearbeitung und den witterungsbedingten Einflüssen während der Trocknung und Aushärtung.[12] Um die Wahrscheinlichkeit von

---

[11] Vgl. Kussauer, R., (2007): Die häufigsten Mängel bei Beschichtungen…, a.a.O., S. 141

[12] Vgl. Kussauer, R., (2007): Die häufigsten Mängel bei Beschichtungen…, a.a.O., S. 140

thermisch bedingten Rissen zu vermeiden, sollte eine Fassadenfarbe mit einem Hellbezugswert zwischen 20 und 100 gewählt werden. Dabei ist zu beachten, dass ein höherer Hellbezugswert auch eine hellere Farbe bedeutet. (100 bedeutet Weiß)[13]

3.1.2 Ablösung der Dämmplatte vom Untergrund

Das Ablösen von Systembestandteilen oder des gesamten Wärmedämmverbundsystems vom Untergrund gehört zu den schwerwiegendsten Schäden. Meist ist die Sanierung mit einem hohen Kostenaufwand verbunden. Meist ist eine Sanierung nicht mehr möglich und das komplette bzw. Teile des Wärmedämmverbundsystems müssen erneuert werden.

Um solche Schäden zu vermeiden, ist schon bei der Verarbeitung auf die richtige Klebetechnik und einen geeigneten Untergrund zu achten. Meist werden die Platten in einem Randwulst-Punkt-Verfahren oder vollflächig verklebt. Werden die Dämmplatten mit zu wenigen Haftpunkten geklebt, ist die Standsicherheit nicht mehr gegeben und das System löst sich durch das Eigengewicht von der Wand. Weiterhin ist bei der Verarbeitung auf eine ausreichende Außentemperatur zu achten. Da bei einer zu niedrigen Temperatur der Kleber nicht genug abbindet und somit kein Verbindung mit dem Untergrund eingeht.

Auch ist zu beachten, dass ab einer bestimmten Gebäudehöhe auf eine zusätzliche Verdübelung erforderlich ist. Zum einen soll das Gewicht des Systems mit abgefangen werden und zum anderen sollen die Dübel den Windsogkräften entgegenwirken.

3.1.3 Blasenbildung und Abplatzungen

Bei diesem Schadensbild liegt die Ursache meist in einer zu hohen Feuchtigkeit innerhalb des Systems mit der Folge, dass sich die Systembestandteile voneinander trennen. Meist löst sich der Oberputz mit Teilen des Armierungsputzes von der Gewebeeinlage. Die Ursache bei diesem Schadensbild liegt in einer zu hohen Wasserdampfdiffusion von innen nach außen. Verstärkt wird dieses Problem durch die bei Schlagregen eintretende Feuchtigkeit und einer zu langen Austrocknungszeit. Deshalb ist der Diffusionswiderstand ein wichtiges Merkmal für Dämmstoffe. Der Diffusionswiderstand muss mit den anderen Bauteilen abgestimmt werden, um ein rasches Abtrocknen zu gewährleisten. Wichtig ist aber auch eine saubere Verarbeitung der Dämmplatten. Beim Verlegen der Platten ist darauf zu achten, dass diese spaltenfrei und ohne größere Hohlräume verlegt werden.[14] Durch diese Spalten und durch Hohlräume funktioniert die Wärmedämmung nicht mehr richtig und es kommt zu Tauwasseransammlungen im System. Dies führt dann häufig auch zu Frostschäden im Winter und damit zu Abplatzungen.

3.1.4 Sonstige Schäden

Die sonstigen Schäden sind unvorhersehbar und werden weder durch Planung-, Material- oder Verarbeitungsfehler verursacht. Hier entsteht der Schaden durch Naturgewalten, durch Menschen (z. B. Vandalismus oder Fahrräder) oder durch Tiere (Spechtschäden).

Bei den Naturgewalten wie Hagel, Regen, Wind oder Hochwasser können die Schadensbilder sehr unterschiedlich sein. Zum einen kann nur die Oberfläche beschädigt sein oder es

---

13 Vgl. Riedel, W. (2010): Wärmedämm-Verbundsysteme, a.a.O., S. 143

14 Vgl. Riedel, W. (2010): Wärmedämm-Verbundsysteme, a.a.O., S. 296ff

kommt zur Zerstörung des gesamten Wärmedämmverbundsystems. Bei einer Beschädigung der Oberfläche durch Hagel reicht meist ein neuer Anstich aus, um den Schaden zu beseitigen. Bei Schäden durch Wind oder Hochwasser muss meist das gesamte System erneuert werden, da sich Teile vom Untergrund gelöst haben. Bei Hochwasser ist zusätzlich meist noch die Dämmschicht durchfeuchtet und nicht mehr zu trocknen.[15]

Die Schäden durch Tiere lassen sich schwer verhindern und sind eher selten. Wenn Schäden durch Tiere auftreten, handelt es sich meist um Spechtschäden. Bisher konnte noch nicht eindeutig geklärt werden, was die Ursache für diese Verhalten ist. Man geht davon aus, dass ein Wärmedämmverbundsystem akustisch ähnlich wie ein Baumstamm klingt. Der Specht klopft auf der Suche nach Nahrung oder zum Höhlenbau Löcher in die Fassade. Viele Geschädigte behelfen sich mit Greifvogelatrappen, Girlanden oder Windspielen. Ob diese Maßnahmen besonders Erfolg versprechend sind, ist ebenfalls noch nicht eindeutig geklärt. Durch die geringe Anzahl von Schäden ist auch nicht anzunehmen, dass spezielle Abwehrkonstruktionen entwickelt werden.

Anders sieht die Sache bei Vandalismusschäden durch den Menschen aus. Hier besteht die Möglichkeit, einen besonderen Putzschichtaufbau zu wählen und so einer Zerstörung entgegen zu wirken. Da Wärmedämmverbundsysteme im unteren Bereich besonders anfällig für Vandalismusschäden und Zerstörung der Oberputze sind, empfiehlt sich der Einbau stoßfester Putzträgerplatten, das Einbetten von Panzergewebe oder das Verblenden mit keramischen Bauteilen.

3.2 Sanierungsmaßnahmen und Sanierungskosten

<u>Hinweis zu den dargestellten Baukosten</u>

Im Folgenden sollen die häufigsten Schadensbilder näher erläutert werden und es wird dargestellt, welche ungefähren Kosten anfallen, um bestimmt Schäden zu beseitigen. Bei den dargestellten Kosten handelt es sich um Mittel- bzw. Durchschnittspreise. Sowohl beim BKI Baukostenkatalog[16] als auch beim Baukostenkatalog 2010/11 von Schmitz[17] bilden durchgeführte Baumaßnahmen die Grundlage für die ermittelten Baukosten. Regionale und konjunkturelle Preisunterschiede, konstruktive Besonderheiten und dergleichen wurden nicht berücksichtigt. Weiterhin lassen sich die Leistungen in den beiden Katalogen nicht zu 100 Prozent vergleichen, da in den einzelnen Leistungspositionen zusätzliche Arbeiten mit berücksichtigt wurden oder zusätzliche Materialien eingerechnet werden. Grundsätzlich bieten die angegebenen Preise einen Richtwert für die jeweilige Leistungsposition. Es muss aber bedacht werden, dass die Preise bei der späteren Ausführung abweichen können. Diese Abweichung können durch viele Gegebenheiten beeinflusst werden. Zu diesen Einflussfaktoren zählen z. B.:

---

[15] Vgl. Riedel, W. (2010): Wärmedämm-Verbundsysteme, a.a.O., S. 339ff

[16] Vgl. Blank, Michael (2010): Statistische Kostenkennwerte für Bauelemente. Stuttgart: BKI (BKI Baukosten 2010, ; Teil 2)

[17] Vgl. Schmitz, H. (2010): Instandsetzung, Sanierung, Modernisierung, Umnutzung. 20., durchges. und geänd. Aufl., Stand: 2010/11. Essen: Verl. für Wirtschaft und Verwaltung Wingen

-   Unterschiedliche Bauformen und Bautypen, abweichende behördliche Auflagen oder besondere Mieterprobleme.

Die Praxis hat gezeigt, dass die Kostenschwankungen ca. 15 – 20 Prozent betragen.[18]

Schäden an Wärmedämmverbundsysteme sind oft nicht gleich auf den ersten Blick erkennbar. Meist liegt der eigentliche Schaden unter der Oberfläche versteckt. Die Schäden treten erst bei einer Bearbeitung der Fassade zu Tage (Ausbesserung der Fassade oder Anstrich) oder werden bei einer vorsorglichen genaueren Überprüfung z. B. durch Thermographieaufnahmen entdeckt. Die einzuleitenden Sanierungsmaßnahmen hängen von der Beurteilung der Schäden ab. Es ist erforderlich, eine genaue Schadensanlayse durchzuführen und dann die geeigneten Maßnahmen einzuleiten. Um eine Systematisierung der Sanierungsmaßnahmen zu erhalten, werden 4 Schadensklassen mit den dazugehörigen Sanierungsmaßnahmen definiert.[19]

Zu jeder Schadensklasse werden die jeweiligen Sanierungskosten aus den beiden o. g. Kostenkatalogen angegeben.

<u>Schadensklasse 1</u>

Unter diese Schadensklasse fallen Schäden durch kleinere Risse bis 0,2 mm Breite, kleinste Putzabplatzungen und rein optische Mängel. Die Sanierung erfolgt durch einen Anstich der Fassade. Bevor der Schlussanstrich aufgetragen wird, muss die Fassade aber erst gereinigt und grundiert werden. Weiterhin muss evtl. eine Beschichtung aufgetragen werden, die fungiziede, algizide und rissüberbrückende Eigenschaft hat.

Leistungsbeschreibung	Baukosten
<u>BKI</u> Anstrich mineralischer Untergründe (Beton, Mauerwerk, Putz, Gipskarton), Untergrundvorbehandlung[20]	13,00 Euro/m²
<u>Schmitz/Krings</u> Anstriche und Beschichtung auf verschiedenen Untergründen, inkl. notwendiger Vorarbeiten wie Reinigung, Abdeckung, Überspannen kleinerer Risse, *einfacher Anstrich auf Altputz, ungestrichen*[21]	20,50 Euro/m²

Tabelle 1: Ausbessern von Rissen in der Putzoberfläche, Quelle: eigene Darstellung

<u>Schadensklasse 2</u>

In dieser Schadensklasse werden stärkere Risse bis zu einer Breite von 0,3 mm und Abplatzungen im Oberputz eingeordnet. Weiterhin fallen hierunter Schäden durch Blasenbildung und Risse im Armierungsputz mit einer Breite bis 0,3 mm. Schäden durch zu geringer Ge-

---

[18] Vgl. Schmitz, H. (2010): Instandsetzung, Sanierung, Modernisierung, Umnutzung…, a.a.O., S. 26

[19] Vgl. Kussauer, R., (2007): Die häufigsten Mängel bei Beschichtungen…, a.a.O., S. 74 ff

[20] Vgl. Vgl. Blank, Michael (2010): Statistische Kostenkennwerte für Bauelemente, a.a.O., S. 246

[21] Vgl. Schmitz, H. (2010): Instandsetzung, Sanierung, Modernisierung, Umnutzung…, a.a.O., S. 118

webeüberlappung, nicht ordnungsgemäß ausgeführte Anschlussfugen (z. B. bei Fensterlaibungen) oder Schäden durch eine zu geringe Dicke des Armierungsputzes. In dieser Schadensklasse wird der vorhandene Putz zuerst gereinigt und dann grundiert. Danach wird eine neue Armierungsmasse inkl. Armierungsgewebe auf den vorhandenen Putz aufgetragen und abschließend wird ein Oberputz aufgetragen.

Leistungsbeschreibung	Baukosten
<u>BKI</u> Kratzputz, mineralisch, Armierung[22]	33,00 Euro/m²
<u>Schmitz/Krings</u> Sanierung von Rissen in Wänden durch Auskappen der Rissflanken, Saubfrei-Blasen, Grundieren, Einbringen der Fugenmasse und Überspannen, *Sanierung von durchgehenden Rissen, Breite 5-10 mm*[23]	22,50 Euro/m²

Tabelle 2 Ausbessern von Rissen und Aufbringen neuer Armierung, Quelle: eigene Darstellung

<u>Schadensklasse 3</u>

In dieser Schadensklasse sind u. a. folgende Schäden definiert:

- Schäden durch Rissbildung mit einer Breite von über 0,3 mm die bis auf die Dämmschicht reichen

- Feuchtigkeitshinderwanderung bei Anschlussfugen, wenn diese nicht ordnungsgemäß eingebracht wurden

- Schäden durch zu wenig Armierungsmasse auf der Dämmschicht, der Zerstörung des Armierungsgewebes, bei zu geringer Dämmdicke zu hohem Tauwasseranfall.

Bei der Sanierung solcher Schäden werden der Ober- und der Unterputz (Armierungsputz) bis zur Dämmplatte entfernt, die Haftung der Dämmplatte geprüft und diese ggf. erneuert. Evtl. vorhandene Fugen zwischen den Dämmplatten sind mit geeignetem Material zu verschließen. Danach wird das System wieder neu aufgebaut und die schadhafte Stelle verschlossen.

Leistungsbeschreibung	Baukosten
<u>BKI</u> Prüfen des Untergrundes auf Schmutz-, Staub-, Öl- und Fettfreiheit, Wärmedämmung d=50-80 mm, Putz (Kratzputz)[24]	76,00 Euro/m²

---

[22] Vgl. Vgl. Vgl. Blank, Michael (2010): Statistische Kostenkennwerte für Bauelemente, a.a.O., S. 246

[23] Vgl. Schmitz, H. (2010): Instandsetzung, Sanierung, Modernisierung, Umnutzung…, a.a.O., S. 121

[24] Vgl. Vgl. Vgl. Blank, Michael (2010): Statistische Kostenkennwerte für Bauelemente, a.a.O., S. 246

Schmitz/Krings	
Wärmedämmverbundsystem, inkl. notwendiger Vorarbeiten, d=12-14 cm, armierten Kunst-/Mineralputz, Randabschlussprofilen und dauerelastischer Fugenabdichtung, *für PS-Hartschaumplatten*[25]	<97,00 Euro/m²

Tabelle 3: Sanierung durch Entfernen des Unter- und Oberputzes, Quelle: eigene Darstellung

Bei der Sanierung innerhalb der Schadensklassen 1-3 sind auch immer die aktuellen Anforderungen der EnEV zu beachten. Bei alten Dämmsystemen muss ggf. eine Aufdopplung vorgenommen werden bzw. es muss eine zusätzliche Dämmschicht aufgebracht werden.

<u>Schadensklasse 4</u>

In dieser Schadensklasse weist das Wärmedämmverbundsystem solch gravierende Schäden auf, dass nur noch ein vollständiger Rückbau und der Aufbau eines neuen Wärmedämmverbundsystems in Frage kommt. Diese Schäden treten z. B. bei Hochwasser, bei Ablösungen durch Windsog oder bei mangelnder Haftung zum Untergrund auf.

Leistungsbeschreibung	**Baukosten**
BKI Wärmedämmverbundsystem, PS-Hartschaumplatten, d=120-240 mm, Armierung, Oberputz und Anstrich[26]	90,00 Euro/m²
Schmitz/Krings Wärmedämmverbundsystem, incl. notwendiger Vorarbeiten, d=12-14 cm, armierten Kunst-/Mineralputz, Randabschlussprofilen und dauerelastischer Fugenabdichtung, *für PS-Hartschaumplatten*[27]	97,00 Euro/m²

Tabelle 4: Erneuerung von Wärmedämmverbundsysteme, Quelle: eigene Darstellung

3.3 Fassadenschaden der Wohnungsbaugenossenschaft Greifswald eG

3.3.1 Allgemeines Schadensbild

Ein Wohngebäude in Greifswald, Höhe ca. 25 Meter, wurde 1999 komplett modernisiert. Neben anderen Modernisierungsarbeiten wurde ein Wärmedämmverbundsystem an die Außenwand angebracht. Dieses bestand aus einer nichtbrennbaren Minerallwollelamellendämmplatte und einer mineralischen Putzbeschichtung bzw. teilweise aus einer keramischen Verblendung.

---

[25] Vgl. Schmitz, H. (2010): Instandsetzung, Sanierung, Modernisierung, Umnutzung…, a.a.O., S. 120, hier wurden keine anderen Werte im Kostenkatalog angegeben, deshalb sind für die Schadensklasse 3 und 4 die gleichen Preise angegeben

[26] Vgl. Vgl. Vgl. Blank, Michael (2010): Statistische Kostenkennwerte für Bauelemente, a.a.O., S. 247

[27] Vgl. Schmitz, H. (2010): Instandsetzung, Sanierung, Modernisierung, Umnutzung…, a.a.O., S. 120

Im Verlauf der Nutzung wurden Risse in der Fassade festgestellt. Im Rahmen eines Gutachtens wurde festgestellt, dass an einigen Stellen des Wärmedämmverbundsystems keine Klebeverbindung zum Untergrund vorhanden war (teilweise war der Anteil an Klebefläche unter 10%) und eine zu geringe Anzahl von Dübeln gesetzt wurde. Die bauaufsichtliche Zulassung für dieses Wärmedämmverbundsystem sieht eine vollflächige Verklebung vor, bzw. bei werkseitig vorbeschichteten Dämmplatten eine Mindestklebefläche von mindestens 50%vor.

Beim Wärmedämmverbundsystem mit keramischer Verblendung wurde festgestellt, dass die Anzahl der Dübel in den Randbereichen nicht ausreicht, und dass die eingearbeiteten Quetschfugen nicht geeignet sind, die auftretenden Verformungen aufzunehmen.

3.3.2   Maßnahmen der Sanierung

Um die Sanierungskosten und die Belastungen für die Mieter so gering wie möglich zu halten, wurden verschiedene Alternativen zu Sanierung geprüft. Zusammenfassend wurde folgende Vorgehensweise bei der Sanierung empfohlen und umgesetzt.[28]

Beim Wärmedämmverbundsystem mit mineralischer Putzbeschichtung wurde die Stand- und Gebrauchssicherheit durch die Nachverdübelung in einem Raster von 50/50 cm wieder hergestellt. Dies ist besonders für die auftretenden Windsoglasten von Bedeutung. Weiterhin wurden über ein bestimmtes Bohrraser schwerentflammbarer Polyurethanschaum (PUR-Schaum) mit einem geringen Quelldruck in das vorhandene Wärmedämmverbundsystem eingebracht. Nachteilig war, dass der PUR-Schaum der Baustoffklasse B1 entspricht und somit als schwerentflammbar gilt. Dieser Nachteil musste mit besonderen Brandschutzmaßnahmen ausgeglichen werden. Hierzu wurde ein Brandschutzgutachten erstellt und in Folge dessen mussten folgende Brandschutzmaßnahmen zusätzlich durchgeführt werden.[29]

- Ausbildung lokaler Brandbarrieren oberhalb des Rohbausturzes und Verfüllung mit Mineralwolldämmung

- Anordnung horizontaler, durchgängiger um das Gebäude laufender Brandsperren in Form von streifenförmiger „Bauchbinden" jedem 3. Geschoss und Verfüllung mit Mineralwolldämmung

- Anordnung vertikaler Brandsperren im Bereich der inneren Brandwand und Verfüllung mit Mineralwolldämmung

Um die Standsicherheit des Wärmedämmverbundsystems mit keramischer Verblendung zu sichern, wurden zusätzliche Dübel eingebracht und die Beschichtung wieder hergestellt. Die Fugen wurden komplett ausgeräumt und saniert und anschließend mit einem geeigneten Dichtstoff ausgefüllt.

---

[28] Vgl. Gutachten vom 30.06.2006, S 380/05.2, CRP Ingenieurgemeinschaft Czielielski, Ruhnau + Partner GmbH, S. 12 ff

[29] Vgl. Gutachten vom 04.07.2007, GA 08-07-2007, Ingenieurbüro für Brandschutz und Fassade, Dipl. Phys. Kotthoff, I.

Für die gesamte Sanierungsmaßnahme sind Kosten in Höhe von ca. 1,1 Millionen Euro entstanden. Bei einer Fassadenfläche von ca. 10.700 m² entspricht dies einem Sanierungsaufwand **von rund 103,00 Euro pro m²**. Zusätzlich sind Kosten für einen Rechtsstreit angefallen. Hier ist die Höhe noch nicht bekannt, da dieser noch nicht abgeschlossen ist.

3.4 Schadensvermeidung

Anhand des oben angeführten Beispiels, ist zu erkennen, mit was für einem hohen Aufwand dieser Fassadenschaden behoben wurde. Um solch einen hohen Aufwand inkl. der Folgekosten zu vermeiden, sollten einige Punkte beachtet werden.

<u>Prüfen des Untergrundes</u>

Die Prüfung des Untergrundes kann durch folgende Maßnahmen erfolgen:

- Wischproben (Kreidet der Untergrund?), - Kratz- und Ritzproben, - Benetzungsproben zur Prüfung der Saugfähigkeit und der Baufeuchte

Wenn die Untergrundbeschaffenheit keine direkte Bearbeitung zulässt, dann werden evtl. folgende Vorbehandlungen nötig:

- reinigen, grundieren oder trockenlegen des Untergrundes sowie ausgleichen von Unebenheiten und evtl. den alten Putz abschlagen

<u>Sach- und Fachgerechte Ausführung der Konstruktionsdetails</u>

Hier sind unbedingt die Verarbeitungshinweise der Hersteller von Wärmedämmverbundsystemen zu beachten Es ist darauf zu achten, dass Anschlüsse zu Fenstern und Türen richtig ausgeführt werden und es sind evtl. Bewegungsfugen einzufügen, um Spannungsrisse zu vermeiden. Diese müssen mit Dichtband abgedichtet werden um das Eindringen von Feuchtigkeit zu verhindern. Diese Fugen sind meist Wartungsfugen und müssen in einem bestimmten Rhythmus überprüft bzw. gewartet werden. Weiterhin müssen die am Bauwerk vorhandenen Bewegungsfugen auch in das Wärmedämmverbundsystem übernommen werden, um eine spätere Rissbildung zu verhindern.

<u>Beachtung der richtigen Verarbeitungsbedingungen</u>

Hierzu zählen insbesondere die Temperatur und die Feuchtigkeit, die sowohl aus dem Untergrund, als auch witterungsbedingt Einfluss nehmen kann.

Vor der Verarbeitung muss sichergestellt sein, dass die Restfeuchte im Untergrund abgetrocknet ist. Dies ist hauptsächlich bei Neubauten und bei Altbauten (wo große Mengen an Feuchte, durch Estrich- und Putzarbeiten, eingebracht wurden) der Fall. Hier wirkt zusätzlich zu der normalen nutzungsbedingten Feuchte auch noch die „Neubaufeuchte".

Als weiter klimatische Bedingung ist die Temperatur zu nennen. Hier sollte auf eine Verarbeitungstemperatur von größer 5°C geachtet werden. Diese Mindestverarbeitungstemperatur ist in der DIN V 18550 geregelt. Liegt die Verarbeitungstemperatur unter 5°C können Abplatzungen, eine reduzierte Festigkeit oder Gefügestörungen die Folge sein. Im Gegenzug muss aber auch darauf geachtet werden, dass die Temperatur nicht zu hoch ist. Durch ein zu schnelles trocknen der Oberfläche und dem daraus resultierenden Wasserentzug kommt es zu Zugspannungen und in deren Folge können Risse im Putz entstehen. Des

Weiteren braucht der Mörtel Wasser, damit die chemische Reaktion richtig funktioniert. Gehen die einzelnen Baustoffe keine Verbindung ein, kann es zu Absandungen oder Abkreidungen kommen.

3.5 Wartung und Inspektion von Wärmedämmverbundsystemen

Die Wartung und die Instandhaltung von Wärmedämmverbundsystemen beziehen sich in erster Linie auf die Beseitigung von Verschmutzungen, die Beseitigung des mikrobiellen Befalls, auf die Wartung der Fugen und auf das Verfüllen von kleineren Rissen. Besonders bei Rissen ist es wichtig, diese zeitnah zu schließen, da sonst z. B. Feuchtigkeit in das Wärmedämmverbundsysteme eindringt und so die Haltbarkeit und die Gebrauchstauglichkeit immer mehr beeinträchtigt wird. Auch an den Fenstern und Türen ist auf Rissbildung zu achten, da diese die größten Schwachstellen in einem Wärmedämmverbundsysteme darstellen. Besonders durch Schlagregen besteht die Gefahr von eindringender Feuchtigkeit. Grundsätzlich lässt sich ein Instandhaltungszeitraum nur schwer nennen. Die Literatur geht von einem ersten Renovierungsanstrich zwischen 10 und 25 Jahren aus.[30] Ungeachtet dessen sollte auf eine regelmäßige Inspektion der Fassadenfläche Wert gelegt werden. Da gerade an Detailpunkten, wie Systemabschlüssen oder Bewegungs- und Dehnfugen Schäden auftreten können. Eine regelmäßige Inspektion des Wärmedämmverbundsystems führt dazu, die Gebrauchs- und Funktionsfähigkeit auf lange Sicht zu erhalten und größere Schäden zu vermeiden.[31]

Ein gutes Hilfsmittel ist hierbei die Thermografie. Hiermit ist es möglich auch die kleinsten Schäden im Wärmedämmverbundsystem sichtbar zu machen.

4. Fazit

Die vorliegende Arbeit zeigt, dass die Schadensbilder an Wärmedämmverbundsystemen und die Schadensursachen sehr unterschiedlich sein können. Die meisten Schäden entstehen durch eine falsche Verarbeitung. In deren Folge kommt es oft zu Spannungen im Material und somit zu einer Rissbildung. Wobei die Tiefe der Risse variieren kann. „Totalschäden" sind eher selten zu beobachten. Wenn sie aber auftreten, muss meist das gesamte System erneuert werden. Dadurch entstehen sehr hohe Kosten.

Das Ausmaß eines Schadens ist nicht immer gleich zu erkennen. Werden Schäden entdeckt, ist immer eine gründliche Ursachenforschung notwendig und erst dann sind geeignete Maßnahmen einzuleiten. Auch bei kleinen Rissen ist es notwendig, die Ursache zu erforschen. Da sich hinter einem kleinen Oberflächenriss oft ein Schaden größeren Ausmaßes verbirgt. Großen Wert sollte deshalb auf eine regelmäßige Inspektion und Wartung gelegt werden.

---

[30] Vgl. Riedel, W. (2010): Wärmedämm-Verbundsysteme, a.a.O. S. 271

[31] Vgl. Riedel, W. (2010): Wärmedämm-Verbundsysteme, a.a.O. S. 272

A. Anhang

Als Anhang werden die jeweiligen Seiten der Baukostenkataloge angefügt.

Literaturverzeichnis

Blank, Michael (2010): Statistische Kostenkennwerte für Bauelemente. Stuttgart: BKI (BKI Baukosten 2010, ; Teil 2)

Büchli, Roland; Raschle, Paul (2006): Algen und Pilze an Fassaden. Ursachen und Vermeidung. 2. unveränd. Stuttgart: Fraunhofer-IRB-Verl.

Die kleinen Unzulänglichkeiten - WDVS und Schäden im Detail.pdf (2010) 2010 (10), S. 12–17. Online verfügbar unter http://fzarchiv.sachon.de/index.php?pdf=Fachzeitschriften/Maler-und_Lackierermeister/2007/10_07/ML_10-07_12-17_Die_kleinen_Unzulaenglichkeiten.pdf.

Dieter Selk: Algenbesiedelte Fassaden: Produkterfahrungen-Prüfungen-Grenzwerte. Aus der Schriftenreihe "Bauen in Schleswig-Holstein". Hg. v. Arbeitsgemeinschaft für zeitgemäßes Bauen e.V. (2/10).

Ertl, Ralf; Egenhofer, Martin; Hergenröder, Michael; Strunck, Thomas (2010): Typische Bauschäden im Bild. Erkennen, bewerten, vermeiden, instand setzen; [Schadensbild, Ursachen, Hinweise zur Schadensvermeidung, Maßnahmen und Kosten der Instandsetzung]. Köln: Müller.

Fetzer, Robert; Luther, Jörn; Letch, Jochen; Abele, Oliver (2010): Statistische Kostenkennwerte für Positionen. Stuttgart: BKI (BKI Baukosten 2010, ; Teil 3).

Gutachten vom 30.06.2006, S 380/05.2 CRP Ingenieurgemeinschaft Czielielski, Ruhnau + Partner GmbH

Gutachten vom 04.07.2007, GA 08-07-2007, Ingenieurbüro für Brandschutz und Fassade, Dipl. Phys. Kotthoff, Ingolf

Knöll, Karl (2003): Baukonstruktionslehre. 32., vollst. überarb. und aktualisierte Aufl. Stuttgart: Teubner.

Kussauer, Robert; Ruprecht, Max (2007): Die häufigsten Mängel bei Beschichtungen und Wärmedämm-Verbundsystemen. Erkennen, vermeiden, beheben; mit 69 Tabellen. Köln: R. Müller.

Mallwitz, Stephan (2008): Daemmfassade.de - Fassadendämmung - Wärmedämmung - Isolierung. Online verfügbar unter http://www.daemmfassade.de/, zuletzt aktualisiert am 01.05.2008, zuletzt geprüft am 18.01.2011.

Riedel, Werner (2010): Wärmedämm-Verbundsysteme. Von der Thermohaut bis zur transparenten Wärmedämmung. 2. überarb. Waldshut-Tiengen, Stuttgart: Baulino Verl; Fraunhofer IRB-Verl. Online verfügbar unter http://deposit.d-nb.de/cgi-bin/dokserv?id=3436239&prov=M&dok_var=1&dok_ext=htm.

Schild, Kai; Weyers, Michael (2003): Handbuch Fassadendämmsysteme. Grundlagen, Produkte, Details. Stuttgart: Fraunhofer IRB Verl.

Schmitz, Heinz; Krings, Edgar; Schmitz-Krings-Dahlhaus-Meisel (2010): Instandsetzung, Sanierung, Modernisierung, Umnutzung. 20., durchges. und geänd. Aufl., Stand: 2010/11. Essen: Verl. für Wirtschaft und Verwaltung Wingen (Baukosten, : Arbeitshilfen zur Konstruktionswahl und Planung, Kostenschätzung und Kostenberechnung ; 1).

V, Fachverband Wärmedämm-Verbundsysteme e.; 33, Fremersbergstraße; Baden-Baden, 76530: WDVS, Wärmedämmung, Klimaschutz, Energie einsparen - Informationen finden Sie hier - Startseite - Fachverband Wärmedämm-Verbundsysteme WDVS. Fachverband

Wärmedämm-Verbundsysteme e.V., Fremersbergstraße 33, 76530 Baden-Baden. Online verfügbar unter http://www.heizkosten-einsparen.de/, zuletzt geprüft am 29.12.2010.

Wärmedämmung Altbau Fassade Haus KfW Förderung Fassadenfarben Innenfarben. Online verfügbar unter http://www.sto.de/73047_DE-Sto_AG_Deutschland.htm, zuletzt geprüft am 03.01.2011.

DIN	AK	AA	Bauteiltext	LB	Ein-heit	Mittelpreis EUR	Preisspanne EUR	Lohn-anteil	Dauer-haftigkeit
335 *31314*	**31**		**Anstriche und Beschichtungen auf verschiedenen Untergründen, incl. notwendiger Vorarbeiten wie Reinigung, Abdeckung, Überspannen kleinerer Risse**						
		01	einfacher Anstrich auf Neuputz/Ziegeln	034	m²	**18,00**	14,00 20,00		
		02	einfacher Anstrich auf Altputz, ungestrichen	034	m²	**20,50**	16,00 22,50		
		03	einfacher Anstrich auf Altputz, gestrichen	034	m²	**24,50**	17,00 27,00		
		04	einfacher Anstrich auf Ziegeln, gestrichen	034	m²	**24,50**	20,50 27,00		
		11	mittlerer Anstrich auf Neuputz/Ziegeln	034	m²	**22,00**	19,50 27,00		
		12	mittlerer Anstrich auf Altputz, ungestrichen	034	m²	**25,00**	20,50 30,00		
		13	mittlerer Anstrich auf Altputz, gestrichen	034	m²	**29,00**	24,00 34,00		
		14	mittlerer Anstrich auf Ziegeln, gestrichen	034	m²	**29,00**	24,50 34,00		
		21	guter Anstrich auf Neuputz/Ziegeln	034	m²	**28,00**	22,50 34,00		
		22	guter Anstrich auf Altputz, ungestrichen	034	m²	**32,00**	24,00 39,00		
		23	guter Anstrich auf Altputz, gestrichen	034	m²	**37,00**	30,00 54,00		
		24	guter Anstrich auf Ziegeln, gestrichen	034	m²	**35,00**	28,00 41,00		
		25	Anstrich auf Fachwerk, Holz- und Putzflächen	034	m²	**39,00**	30,00 45,00		
		41	Lasur auf Holz	034	m²	**25,00**	20,50 30,00		
		42	Lack auf Holz	034	m²	**28,00**	22,50 37,00		

Preisstand II/2010   Index 113,7 (2005 = 100); MWSt: 19 %

DIN	AK	AA	Bauteiltext	LB	Einheit	Mittelpreis EUR	Preisspanne EUR	Lohnanteil	Dauerhaftigkeit
335 *31314*		**44**	**Metallbekleidungen, incl. erforderlicher Unterkonstruktionen, Wärmedämmung, Randabschlussprofilen und dauerelastischer Fugenabdichtung**						
		01	Aluminiumbekleidungen, eloxiert	*031*	m²	**242,00**	212,00 275,00		
		02	Aluminiumbekleidungen, farbig einbrennlackiert	*031*	m²	**214,00**	188,00 242,00		
		11	Stahlblechbekleidungen, einbrennlackiert	*031*	m²	**160,00**	142,00 192,00		
		21	Kupferblechbekleidungen	*020*	m²	**250,00**	196,00 305,00		
		31	Zinkblechbekleidungen	*020*	m²	**172,00**	142,00 196,00		
	45		**Holzbekleidungen, incl. erforderlicher Unterkonstruktionen, Wärmedämmung, Randabschlussprofilen und dauerelastischer Fugenabdichtung**						
		01	Schindeln, Doppeldeckung	*027*	m²	**250,00**	196,00 330,00		
		11	Brettschalung außen, Anstrich/offenp. Lasur	*027*	m²	**128,00**	106,00 148,00		
	46		**Wärmedämmverbundsystem, incl. notwendiger Vorarbeiten, ca. 12–14 cm Wärmedämmung, armierten Kunstharz-/Mineralputz, Randabschlussprofilen und dauerelastischer Fugenabdichtung**						
		01	WDVS, PS-Hartschaum	*905*	m²	**97,00**	90,00 110,00		
		02	WDVS, Mineralfaser	*905*	m²	**116,00**	110,00 122,00		
		03	WDVS, PS-Hartschaum – Schienensystem	*905*	m²	**128,00**	116,00 138,00		
		11	Zulage Spaltklinkerverkleidung	*905*	m²	**120,00**	108,00 144,00		

330

Preisstand II/2010　Index 113,7 (2005 = 100); MWSt: 19 %

DIN	AK	AA	Bauteiltext	LB	Einheit	Mittelpreis EUR	Preisspanne EUR	Lohnanteil	Dauerhaftigkeit
335 31314	51		**Wand reinigen, incl. notwendiger Vorarbeiten**						
		01	Wand abwaschen	034	m²	**8,50**	7,00 11,00	●	—
		02	Mauerwerk reinigen, bürsten	034	m²	**7,00**	6,00 9,50	●	—
		10	Wand hochdruckreinigen	034	m²	**16,00**	13,50 18,50	●	—
		11	Wand dampfstrahlen	034	m²	**12,00**	10,50 15,00	●	—
		12	Wand sandstrahlen / nassstrahlen	034	m²	**20,50**	18,50 23,00	●	—
		02	Wandputz abschlagen	034	m²	**19,50**	16,00 23,00	◑	—
	52		**Wand imprägnieren / fluatieren zur Hydrophobierung und Verfestigung von Wandoberflächen, mehrmalige Anwendung bis zur Sättigung des Mauerwerks, incl. notwendiger Vorarbeiten und nachträglicher Wasseraufnahmeprüfung**						
		01	Wand durch Anstrich imprägnieren	034	m²	**13,00**	10,50 15,00	●	—
		11	Wand im Gießverfahren imprägnieren	034	m²	**19,50**	18,00 20,50	●	—
	53		**Sanierung von Rissen in Wänden durch Auskappen der Rissflanken, Staubfrei-Blasen, Grundieren, Einbringen der Fugenmasse und Überspannen**						
		01	Sanierung von Oberflächenrissen, B 3–5 mm	906	m	**14,00**	13,00 17,00	●	—
		02	Sanierung von Oberflächenrissen, B 5–10 mm	906	m	**19,50**	16,00 21,50	●	—
		11	Sanierung von durchgehenden Rissen, B 3–5 mm	906	m	**19,50**	16,00 21,50	●	—
		12	Sanierung von durchgehenden Rissen, B 5–10 mm	906	m	**22,50**	19,50 25,00	●	—
		13	Sanierung von durchgehenden Rissen, B 10–20 mm	906	m	**26,00**	22,50 30,00	●	—
		14	Sanierung von durchgehenden Rissen, B 20–30 mm	906	m	**31,00**	25,00 38,00	●	—
		21	Risse zusätzlich verpressen	906	m	**43,00**	36,00 49,00	●	—

330

Preisstand II/2010   Index 113,7 (2005 = 100); MWSt: 19 %

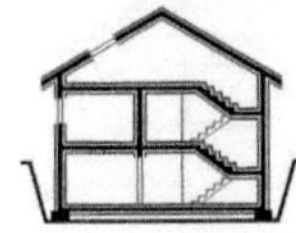

KG.AK.AA	von	€/Einheit	bis	LB an AA
09 Perimeterdämmung, PS-Hartschaumplatten, Wärme-leitfähigkeitsgruppe 040, d=100-200mm (6 Objekte) Einheit: m² Bekleidete Fläche	24,00	**29,00**	34,00	
012 Mauerarbeiten				33,0%
013 Betonarbeiten				33,0%
018 Abdichtungsarbeiten				33,0%
335.21.00 Anstrich				
01 Anstrich mineralischer Untergründe (Beton, Mauer-werk, Putz, Gipskarton), Untergrundvorbehandlung (4 Objekte) Einheit: m² Bekleidete Fläche	11,00	**13,00**	16,00	
034 Maler- und Lackierarbeiten				100,0%
02 Anstrich metallischer Untergründe (Träger, Profile, Bleche), Untergrundvorbehandlung (3 Objekte) Einheit: m² Bekleidete Fläche	7,40	**13,00**	16,00	
034 Maler- und Lackierarbeiten				100,0%
03 Lasuranstrich auf Holzflächen, Untergrundvorbe-handlung, chemischer Holzschutz (8 Objekte) Einheit: m² Bekleidete Fläche	11,00	**15,00**	24,00	
034 Maler- und Lackierarbeiten				64,0%
016 Zimmer- und Holzbauarbeiten				36,0%
335.23.00 Betonschalung, Sichtzuschlag				
01 Glatte Sichtschalung für Betonwände (3 Objekte) Einheit: m² Wandfläche	26,00	**37,00**	43,00	
013 Betonarbeiten				100,0%
335.31.00 Putz				
01 Außenputz, 2-lagig, als Zementputz, Schutzschienen (11 Objekte) Einheit: m² Bekleidete Fläche	36,00	**43,00**	51,00	
023 Putz- und Stuckarbeiten, Wärmedämmsysteme				100,0%
04 Kratzputz, mineralisch, Armierung (4 Objekte) Einheit: m² Wandfläche	31,00	**33,00**	36,00	
023 Putz- und Stuckarbeiten, Wärmedämmsysteme				100,0%
335.32.00 Putz, Anstrich				
01 Außenputz, 2-lagig, als Zementputz mit Anstrich, Schutzschienen (9 Objekte) Einheit: m² Bekleidete Fläche	35,00	**46,00**	56,00	
023 Putz- und Stuckarbeiten, Wärmedämmsysteme				79,0%
034 Maler- und Lackierarbeiten				21,0%
335.36.00 Wärmedämmung, Putz				
01 Prüfen des Untergrundes auf Schmutz-, Staub-, Öl- und Fettfreiheit, Wärmedämmung d=50-80mm, Putz (Kratzputzstruktur) (10 Objekte) Einheit: m² Bekleidete Fläche	54,00	**76,00**	83,00	
023 Putz- und Stuckarbeiten, Wärmedämmsysteme				100,0%

KG.AK.AA		von	€/Einheit	bis	LB an AA
335.37.00	Wärmedämmung, Putz, Anstrich				
01	**Vollwärmeschutz auf Polystyrol-Hartschaumplatten d=50mm, Silikonharzanstrich (5 Objekte)**	70,00	**78,00**	90,00	
	Einheit: m² Bekleidete Fläche				
	023 Putz- und Stuckarbeiten, Wärmedämmsysteme				100,0%
02	**Wärmedämmendes Putzverbundsystem mit Mineral-faserdämmung d=80mm, Oberputz mit Unterputz mineralisch gebunden, Mineralfarbanstrich (8 Objekte)**	61,00	**73,00**	85,00	
	Einheit: m² Bekleidete Fläche				
	023 Putz- und Stuckarbeiten, Wärmedämmsysteme				85,0%
	034 Maler- und Lackierarbeiten				15,0%
03	**Wärmedämmverbundsystem, PS-Hartschaumplat-ten, 280-360mm, Armierung, Oberputz, Anstrich (3 Objekte)**	74,00	**110,00**	130,00	
	Einheit: m² Bekleidete Fläche				
	023 Putz- und Stuckarbeiten, Wärmedämmsysteme				94,0%
	034 Maler- und Lackierarbeiten				6,0%
04	**Wärmedämmverbundsystem, mineralische Dämmung, d=120-200mm, Armierung, Kratzputz, Egalisierungsanstrich (3 Objekte)**	73,00	**76,00**	84,00	
	Einheit: m² Bekleidete Fläche				
	023 Putz- und Stuckarbeiten, Wärmedämmsysteme				100,0%
05	**Wärmedämmverbundsystem, PS-Hartschaumplat-ten, d=120-240mm, Armierung, Oberputz, Anstrich (4 Objekte)**	80,00	**90,00**	98,00	
	Einheit: m² Bekleidete Fläche				
	023 Putz- und Stuckarbeiten, Wärmedämmsysteme				94,0%
	034 Maler- und Lackierarbeiten				6,0%
335.41.00	Bekleidung auf Unterkonstruktion, Faserzement				
01	**Holzunterkonstruktion, Bekleidung mit Faserzement-platten (5 Objekte)**	74,00	**97,00**	120,00	
	Einheit: m² Bekleidete Fläche				
	038 Vorgehängte hinterlüftete Fassaden				100,0%
81	**Bekleidung auf Unterkonstruktion, Schiefer, Ober-flächen endbehandelt (7 Objekte)**	100,00	**150,00**	210,00	
	Einheit: m² Bekleidete Fläche				
	038 Vorgehängte hinterlüftete Fassaden				100,0%
335.42.00	Bekleidung auf Unterkonstruktion, Beton				
82	**Bekleidung vorgesetzt, Betonfertigteile, Sandwich-platten, Sichtbeton, gestrichen (15 Objekte)**	230,00	**330,00**	480,00	
	Einheit: m² Bekleidete Fläche				
	038 Vorgehängte hinterlüftete Fassaden				100,0%

		von	€/Einheit	bis	LB an AA
335.12.00	Abdichtung, Schutzschicht				
02	**Reinigen des Mauerwerkes mit Hochdruckreiniger, Fugen auskratzen, mit Sperrmörtel schließen, Dickbeschichtung, Drän- und Schutzmatten anbauen (2 Objekte)**	81,00	**87,00**	92,00	
	Einheit: m² Bekleidete Fläche				
	086 Bauwerkstrockenlegung				100,0%
335.13.00	Abdichtung, Dämmung				
02	**Kellerwände, Trockenlegung, reinigen, Hydrophobieren, mit Feinschlämme beschichten, Perimeterdämmung PS d=60mm aufkleben (1 Objekt)**	–	**87,00**	–	
	Einheit: m² Bekleidete Fläche				
	086 Bauwerkstrockenlegung				100,0%
335.21.00	Anstrich				
04	**Zementschlemme mit Wasserhochdruckstrahlen entfernen, Salzausblühungen trocken abbürsten, Putzrisse ausbessern, Grund-, Zwischen- und Schlussanstrich (1 Objekt)**	–	**26,00**	–	
	Einheit: m² Bekleidete Fläche				
	023 Putz- und Stuckarbeiten, Wärmedämmsysteme				47,0%
	034 Maler- und Lackierarbeiten				53,0%
82	**Holzfachwerk streichen und imprägnieren, Fugenversiegelung (1 Objekt)**	–	**58,00**	–	
	Einheit: m² Bekleidete Fläche'				
	034 Maler- und Lackierarbeiten				100,0%
335.32.00	Putz, Anstrich				
02	**Schadhaften Putz abschlagen, Putz auf Hohlstellen prüfen, Schadbereich erneuern, Risse sanieren, Putzflächen reinigen, Sanierputz d=15mm, Oberputz, Grundierung, Schlussanstrich (4 Objekte)**	75,00	**97,00**	120,00	
	Einheit: m² Bekleidete Fläche				
	023 Putz- und Stuckarbeiten, Wärmedämmsysteme				77,0%
	033 Baureinigungsarbeiten				7,0%
	034 Maler- und Lackierarbeiten				16,0%
82	**Anstrich, vorhandene Putzflächen reinigen, teils ausbessern (4 Objekte)**	26,00	**41,00**	76,00	
	Einheit: m² Bekleidete Fläche				
	034 Maler- und Lackierarbeiten				62,0%
	023 Putz- und Stuckarbeiten, Wärmedämmsysteme				38,0%
335.34.00	Isolierputz				
81	**Beschichtung mit wasserabweisendem Putz, vorhandenen Putz abschlagen, Untergrund reinigen und vorbehandeln (2 Objekte)**	150,00	**170,00**	190,00	
	Einheit: m² Bekleidete Fläche				
	023 Putz- und Stuckarbeiten, Wärmedämmsysteme				72,0%
	002 Erdarbeiten				28,0%